公路施工安全教育系列丛书——工种安全操作
本书为《公路施工安全视频教程》配套用书

U0269547

砌筑工

安全操作手册

广 东 省 交 通 运 输 厅 组织编写

广东省南粤交通投资建设有限公司
中铁隧道局集团有限公司 主 编

人民交通出版社股份有限公司
China Communications Press Co.,Ltd.

内 容 提 要

本书是《公路施工安全教育系列丛书——工种安全操作》中的一本，是《公路施工安全视频教程》(第五册 工种安全操作)的配套用书。本书主要介绍砌筑工安全作业的相关内容，包括：砌筑工简介，岗位职责及安全风险，基本要求和作业安全质量要求四个部分。

本书可供砌筑工使用，也可作为相关人员安全学习的参考资料。

图书在版编目(CIP)数据

砌筑工安全操作手册/广东省交通运输厅组织编写；广东省南粤交通投资建设有限公司，中铁隧道局集团有限公司主编. — 北京：人民交通出版社股份有限公司，2018.12(2025.1 重印)

ISBN 978-7-114-15034-0

Ⅰ. ①砌… Ⅱ. ①广… ②广… ③中… Ⅲ. ①砌筑—工程施工—安全技术—手册 Ⅳ. ①TU754.1-62

中国版本图书馆 CIP 数据核字(2018)第 226226 号

Qizhugong Anquan Caozuo Shouce

书　　名：	砌筑工安全操作手册

著 作 者：广东省交通运输厅组织编写
　　　　　广东省南粤交通投资建设有限公司　中铁隧道局集团有限公司主编
责任编辑：韩亚楠　郭红蕊
责任校对：张　贺
责任印制：张　凯
出版发行：人民交通出版社股份有限公司
地　　址：(100011)北京市朝阳区安定门外外馆斜街 3 号
网　　址：http://www.ccpcl.com.cn
销售电话：(010)85285857
总 经 销：人民交通出版社股份有限公司发行部
经　　销：各地新华书店
印　　刷：北京建宏印刷有限公司
开　　本：880×1230　1/32
印　　张：1.375
字　　数：34 千
版　　次：2018 年 12 月　第 1 版
印　　次：2025 年 1 月　第 3 次印刷
书　　号：ISBN 978-7-114-15034-0
定　　价：15.00 元

(有印刷、装订质量问题的图书由本公司负责调换)

编委会名单

EDITORIAL BOARD

致工友们的一封信

亲爱的工友：

你们好！

为了祖国的交通基础设施建设，你们离开温馨的家园，甚至不远千里来到施工现场，用自己的智慧和汗水将一条条道路、一座座桥梁、一处处隧道从设计蓝图变成了实体工程。你们通过辛勤劳动为祖国修路架桥，为交通强国、民族复兴做出了自己的贡献，同时也用双手为自己创造了美好的生活。在此，衷心感谢你们！

交通建设行业是国家基础性和先导性行业，也是安全生产的高危行业。由于安全意识不够、安全知识不足、防护措施不到位和违章操作等原因，安全事故仍时有发生，令人非常痛心！从事工程施工一线建设，你们的安全牵动着家人的心，牵动着广大交通人的心，更牵动着党中央及各级党委、政府的心。为让工友们增强安全意识，提高安全技能，规范安全操作，降低安全风险，保证生产安全，我们组织开发制作了以动画和视频为主要展现形式的《公路施工安全视频教程》(第五册　工种安全操作)，并同步编写了配套的《公路施工安全教育系列丛书——工种安全操作》口袋书。全套视频教程和配套用书梳理、提炼了工种操作与安全生产相关的核心知识和现场安全操作要点，易学易懂，使工友们能知原理、会工艺、懂操作，在工作中做到保护好自己和他人不受伤害。

请工友们珍爱生命，安全生产；祝福你们身体健康，工作愉快，家庭幸福！

广东省交通运输厅

二〇一八年十月

目录

CONTENTS

1.PART 砌筑工简介

砌筑工是使用砂浆等黏合材料,将砖、石、砌块等砌筑成各种形状砌体的施工人员。

砂浆材料:水泥砂浆、石灰砂浆、水泥石灰混合砂浆、防水砂浆、嵌缝砂浆、聚合物砂浆。

石材:毛石、粗料石、细料石。

砌块:加气混凝土砌块、普通混凝土空心小砌块、石膏砌块。

1.1 砌筑工常用的设备、工具及材料

砌筑作业常用机械设备有:砂浆搅拌机、垂直运输设备等。

砂浆搅拌机

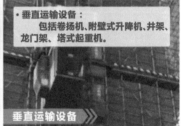

· 垂直运输设备:
　　包括卷扬机、附壁式升降机、井架、龙门架、塔式起重机。

垂直运输设备

主要材料有:石材、砖、砌块、砌筑砂浆等。

石材砌筑

砖砌筑

砌筑砂浆

常用工具有：瓦刀、铲子、摊灰尺、水平尺、灰板、线锤、准线、皮数杆等。

瓦刀

铲子、摊灰尺

水平尺

灰板

线锤

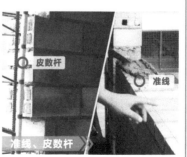

准线、皮数杆

1.2 砌筑作业基础知识

1.2.1 砖及砌块砌筑

普通砖墙砌筑的组砌形式主要有:一顺一丁、三顺一丁、梅花丁、全顺和全丁。

普通砖墙砌筑主要形式			
形式	特　点		
	优　点	缺　点	适用范围
一顺一丁	搭接好,无通缝,整体性强,应用较广	竖缝不易对齐砍砖较多,功效低	多用于砖基础大放脚部分
三顺一丁	砍砖较少,可提高工效	平整度不易控制,质量强度较低	适合砌一砖及一砖以上厚墙
梅花丁	墙体强度最高,灰缝美观	砌法难度最大,速度慢	清水外墙
全顺	砖利用率高,砌筑率高	墙体强度较低	仅用于砌筑半砖厚的墙体
全丁	墙体美观	砍砖较多,功效低、难度大	砌圆弧形水塔、圆仓

砖墙及砌块的砌筑应上下错缝、内外搭接。

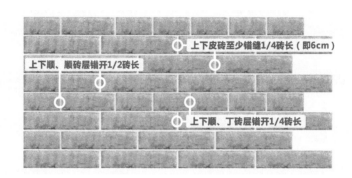

上下皮砖至少错缝1/4砖长（即6cm）

上下顺、顺砖层错开1/2砖长

上下顺、丁砖层错开1/4砖长

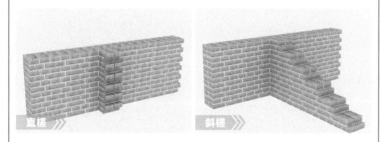

直槎　　斜槎

砌体平整，灰缝厚度规范，勾缝整齐牢固。

灰缝一般为10±2mm

勾缝　　勾缝

1.2.2 石材砌筑

石材砌筑墙体方法			
类型	砌筑方法	优 点	缺 点
毛石墙体	铺浆挤砌法	砂浆饱满、整体性好、强度高	工效低
	干砌法	工效高	墙体整体性差,仅适用于受力较小的墙体
料石墙体	坐浆法	整体性好、平整	工艺要求高,工效低

浆砌石砌体应采用铺浆挤砌法,嵌缝均匀、饱满、密实。

勾缝平顺无脱落、密实、美观,缝宽均衡协调。

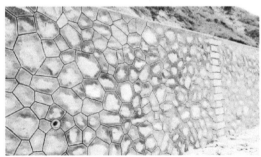

砌体咬口紧密,无通缝;无裂缝、空鼓。

干砌石砌体应咬合紧密,无叠砌、贴砌和浮塞。

　　毛石墙体组砌形式有:丁顺分层组砌法、丁顺混合组砌法、交错混合组砌法。

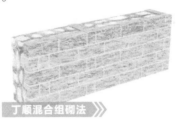

丁顺混合组砌法 >>>

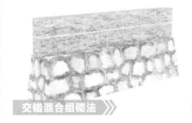

交错混合组砌法 >>>

丁顺分层组砌法 >>>

　　料石墙体组砌形式有:全顺叠砌、丁顺叠砌、丁顺组砌。

全顺叠砌 >>>

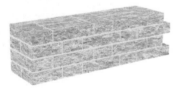

丁顺叠砌 >>>

丁顺组砌 >>>

2 PART / 砌筑工岗位职责及安全风险

严格执行安全管理规章制度和安全技术交底制度,不违章作业。

熟练掌握并遵守砌筑安全操作规程,合理利用砌筑材料,确保施工安全和质量。

服从现场指挥人员的指令,对违章指挥及强令冒险作业有权拒绝。

做好砌筑施工设备、工具的维护保养和保管。

做好文明施工和场地清理工作。

砌筑作业中主要存在的安全风险有:砌体坍塌、高处坠落、物体打击,同时还存在机械伤害、车辆伤害以及其他伤害等安全风险。

砌体坍塌:指砌体结构坍塌引起的事故,适用于因设计或施工不合理而造成的砌体结构坍塌。

砌体坍塌 ▶▶▶

高处坠落: 高处砌筑时,由于脚手架作业平台搭设不规范、工人安全防护措施穿戴不规范等发生高处坠落。

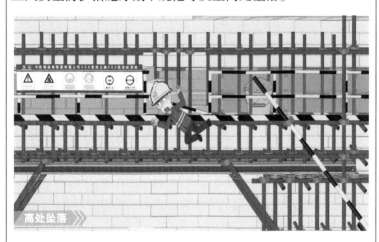

物体打击: 交叉作业过程中,工人随意抛掷砌筑工具、材料等发生物体打击。

机械伤害: 机械设备操作不当、工人违章作业等引发机械伤害。

机械伤害

车辆伤害：行驶前未观察周边环境或行驶中操作不当造成碰撞人员或其他车辆。

车辆伤害 》》

其他伤害：砌筑作业过程中造成的砸伤、挤压等。

其他伤害 》》

3 PART / 砌筑工基本要求

(1)砌筑工应年满18周岁、身体健康,无恐高症等职业禁忌。

心脏病　　　癫痫　　　恐高　　　高血压

(2)经入场安全教育培训,并考核合格后方可上岗。

（3）遵守劳动纪律,正确穿戴个人防护用品,着装符合安全要求。

- 严禁带病作业、严禁酒后作业
- 按要求穿戴好安全帽、工作服、防护手套、防滑鞋
- 衣服袖口、下摆及裤管等应扎紧
- 高空作业须系挂安全带,护目镜
- ❗ 禁止穿拖鞋、短裤

　　(4)砌筑作业前必须对工作内容(施工图、设计要求、技术交底)、周围环境、设备状态及工具完好状况进行检查确认,对作业平台及其防护措施进行检查,确认安全后方可作业。

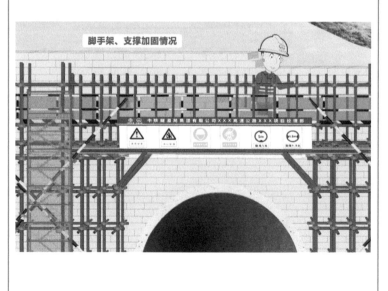

4 PART 砌筑工作业安全质量要求

4.1 一般安全质量要求

（1）砌筑用砖、石及砌块等的品种、规格、强度等级、外观尺寸等应符合设计要求，色泽均匀。

砌筑用砖要求			
类　型	规　格 （mm × mm × mm）	强　度　等　级	砂浆稠度 （mm）
烧结普通砖 （实心砖）	240 × 115 × 53	MU30、MU25、MU20、 MU15、MU10	70~90
烧结多孔砖	一墙 240 × 115 × 90 半墙 120 × 115 × 90 七分墙 180 × 115 × 90	MU30、MU25、MU20、 MU15、MU10、MU7.5、 MU5.0、MU3.5	60~80
烧结空心砖	290 × 190 × 90 390 × 190 × 190	MU10、MU7.5、MU5.0、 MU3.5、MU2.5	

普通混凝土小型空心砌块					
项目	外形尺寸（mm）			最小壁肋 厚度（mm）	空心率 （%）	砂浆稠度 （mm）
	长度	宽度	高度			
主砌块	390	190	190	30	50	
辅助砌块	290	190	190	30	42.7	50~70
	180	190	190	30	43.2	
	90	190	190	30	15	

砌筑用石要求			
类型	规　格	适　用　范　围	砂浆稠度（mm）
毛石	一般要求在一个方向有较平整的面	基础、挡土墙、护坡、堤坝	
粗料石	经过粗加工，形状较整齐	基础、勒脚和毛石砌体的转角部位	30～50
细料石	经人工打凿和琢磨，形状方正	较高级台阶、勒脚、墙体、高级饰面的镶贴	

蒸汽加压混凝土砌块要求			
公称尺寸（mm）			砂浆稠度（mm）
长度 L	宽度 B	高度 H	
600	100、125、150、200、250、300	200、250、300	60～80
	120、180、240		

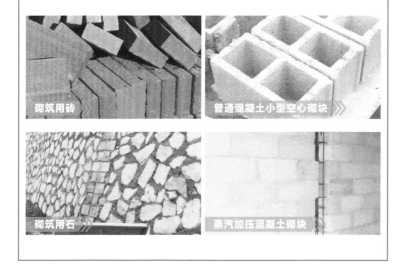

砌筑用砖

普通混凝土小型空心砌块 》》

砌筑用石 》》

蒸汽加压混凝土砌块 》》

（2）砌筑砂浆应按照施工配合比集中拌制，随拌随用，发生离析、泌水的砂浆应重新拌制，已初凝的砂浆不得使用。

（3）水泥砂浆砌筑后须及时养护，养护时间不得少于规范要求。

（4）砌筑高度超过 1.2m 时，必须由架子工搭设脚手架，经验收合格后方可作业。

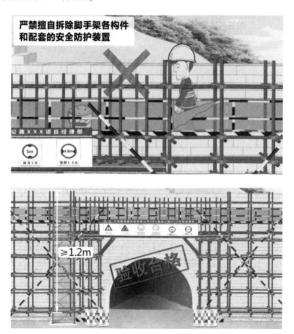

（5）上下脚手架、边坡、基坑应走专用通道，严禁攀爬和倚靠脚手架。

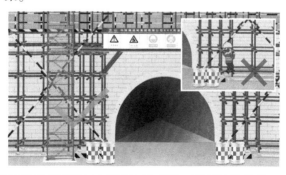

（6）禁止在脚手架上集中堆载重物,且总堆载量不得超过脚手架承载力。

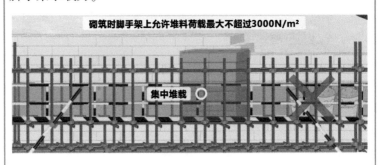

（7）高处作业严禁随意抛掷、丢弃物件。

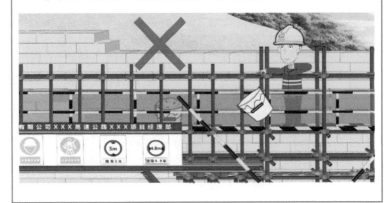

（8）采用砍、削、敲击方式修整砖石砌块时，应避开人员。

（9）用人力搬运材料时，要注意重心，当心砸伤。

多人搬抬应有人指挥，相互配合，动作一致。

　　（10）材料吊运、倒车、顶升车厢卸料等作业时应有专人指挥，无关人员主动避让。

顶升卸料

无关人员

指挥人员

（11）夏季施工应避开高温时段，并采取防暑降温措施，防止中暑。

（12）冬季施工须对作业平台上的冰霜、积雪及时清除，并采取防滑措施。

（13）雨季施工应做好防排水措施，防止因雨水冲刷导致砌体垮塌。

（14）洞口边仰坡、路基挡护工程及岩体破碎、土质松软地段砌筑作业，宜避开雨季施工。

（15）大风、大雨后应对脚手架稳固情况进行检查，如发现基础沉降、架体倾斜等危险情况立即上报处理。

4.2 基础砌筑安全质量要求

（1）砌块等材料严禁堆放在基坑顶边缘线 1m 范围内。

距离 >1m

（2）作业前应排除坑底积水后方可施工。

（3）砌筑不同深度的基础时，应先深后浅，逐层砌筑。

（4）采用台阶式砌筑基础时，台阶与墙体应同时砌筑，基底及墙趾台阶转折处不得砌成垂直通缝，缝隙砂浆应饱满。

不得砌成垂直通缝

（5）基础分段砌筑必须留踏步槎,分段砌筑的高度相差不得超过1.2m。

（6）基础应选用较大石块砌筑,若基础与排水沟相连,其基础应设在沟底以下,并按设计要求砌筑浆砌片石。

（7）伸缩缝、沉降缝砌筑时,两侧必须分开砌筑,缝隙内落入的砂浆等杂物应及时清理干净。

4.3 砖墙砌筑安全质量要求

（1）砖墙砌筑时，应根据需要浇水或润湿。

- 烧结砖、水泥砌块，砌筑前都应浇水润透
- 蒸压、加气、泡沫混凝土砌块，砌筑前宜喷润，不得浇水湿透
- 耐火砖不许湿水
- 负温度下砌筑，砖可不浇水湿润

（2）相互连接的墙体尽量同时砌筑，如不能同时砌筑，应在先砌筑的墙体留槎，后砌的墙应镶入槎内。

同时砌筑

留槎

（3）砂浆应填实饱满，灰缝平直、墙体平整。

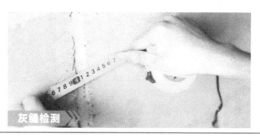

灰缝检测

（4）砖柱砌筑严禁采用先砌四周后填心的包心砌法。

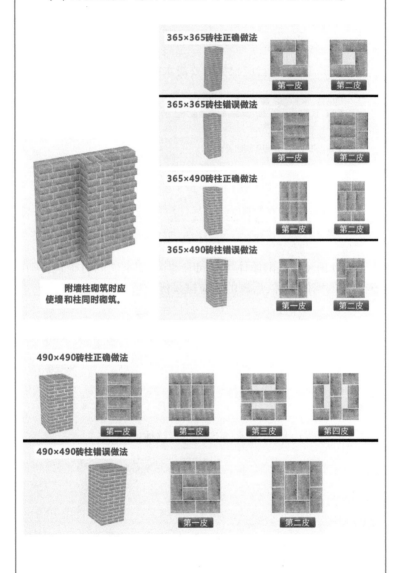

365×365砖柱正确做法 第一皮 第二皮

365×365砖柱错误做法 第一皮 第二皮

365×490砖柱正确做法 第一皮 第二皮

365×490砖柱错误做法 第一皮 第二皮

附墙柱砌筑时应使墙和柱同时砌筑。

490×490砖柱正确做法 第一皮 第二皮 第三皮 第四皮

490×490砖柱错误做法 第一皮 第二皮

4.4 挡护工程砌筑安全质量要求

（1）挡护砌筑需密切关注边坡稳定情况,发现裂缝、异常声响等应视为危险信号,立即撤离并上报。

（2）挡护砌筑应设置警戒区域,严禁任何人员在作业面下方休息或停留。

（3）高边坡砌筑作业应遵守"分级开挖、分级防护"的原则,严禁交叉作业。

（4）严禁采用自由滚落的方式运送石料。

（5）禁止从石堆下掏挖取石，以防垮塌。

（6）挡护砌筑应清除边坡风化层至新鲜岩面,基础应设置在稳定的地基上。

清除风化层 »

地基稳固 »

（7）砌体应砂浆饱满,石块间较大的间隙应先填塞砂浆,再用碎块或片石填实。

（8）路堤边坡采用浆砌片石护坡时,宜在路堤沉降稳定后施工。

护坡沉陷

（9）在冻胀变化较大的土质边坡上，护坡底面应铺设100～150mm厚的碎石或沙砾垫层。

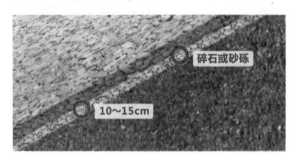

（10）护面墙背必须与路基坡面密贴，局部凹陷处应挖成台阶后用与墙身相同的圬工砌补，不得回填土石或干砌片石。

（11）挡墙砌筑作业应按照设计位置预留泄水孔，按要求设置反滤层。

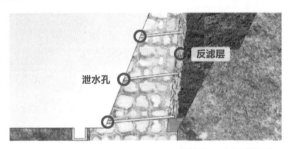

砌筑工安全口诀

砌筑工程别看轻　周边情况要紧盯

砌料质量要辨明　砖墙砌筑分顺丁

石材砌筑互咬紧　分段留槎无通缝

基础砌筑有分层　挡护砌筑逐级行

填实砌紧才稳定　特殊季节莫蛮干

防冻防雨泄排水　措施到位保安宁